매일
매일
맛있는

식빵

매일매일 맛있는 식빵

펴낸날 초판 1쇄 2019년 3월 25일

지은이 서현명

펴낸이 강진수
편집팀 김은숙, 이가영
디자인 임수현

사진 헬로스튜디오 조은선 실장(www.sthello.com)
요리 어시스트 박연우, 박건영, 배상돈, 이이주

인쇄 (주)우진코니티

펴낸곳 (주)북스고 | **출판등록** 제2017-000136호 2017년 11월 23일
주소 서울시 중구 퇴계로 253(충무로 5가) 삼오빌딩 705호
전화 (02) 6403-0042 | **팩스** (02) 6499-1053

ⓒ 서현명, 2019

ISBN 979-11-89612-19-1 13590

이 도서의 국립중앙도서관 출판예정도서목록(CIP)은 서지정보유통지원시스템 홈페이지(http://seoji.nl.go.kr)와
국가자료공동목록시스템(http://www.nl.go.kr/kolisnet)에서 이용하실 수 있습니다.(CIP제어번호:CIP2019009365)

책 출간을 원하시는 분은 이메일 booksgo@naver.com로 간단한 개요와 취지, 연락처 등을 보내주세요.
Booksgo는 건강하고 행복한 삶을 위한 가치 있는 콘텐츠를 만듭니다.

· 누구나 맛있게 먹는 식빵의 즐거움 ·

매일
매일
맛있는

식빵

서현명 지음

식빵으로 만드는 쉽고 간편한
토스트 & 샌드위치 레시피 84

Booksgo

요리는 쉽고 재미있고 맛있어야 한다

TV 프로그램에서 요리를 하고, 쿠킹 클래스와 베이킹 클래스를 진행하면서
저의 요리에 대한 철학은 언제나 같았습니다.
'요리는 쉽고 재미있고 맛있어야 한다.'
그리고 그 생각은 지금까지도 변함없습니다.

이 책에서 소개하고 있는 식빵으로 만드는 레시피 84가지는
일상의 재료로 누구나 쉽고 간편하게 따라할 수 있도록 하였습니다.

매일 삼시세끼를 질리지 않게, 하루 종일 먹어도, 혼자 먹어도,
사랑하는 누군가와 함께 먹어도 맛있고 행복한 요리로 기억되길 바랍니다.

이번 책을 준비하면서 큰 힘이 되어준 사랑하는 우리 가족.
그리고 또 다른 가족인 디모스트 식구분들.
마지막으로 많은 도움 주신 모든 출판사 관계자들에게 감사합니다.

행복한 요리를 만드는
서현명 DREAM

· CONTENTS ·

004 **프롤로그** 요리는 쉽고 재미있고 맛있어야 한다

010 시작하기 전에 알아두기

011 우리가 자주 먹는 식빵의 종류

012 식빵 요리를 위한 조리도구

013 식빵을 오랫동안 맛있게 먹기

013 샌드위치 빵 맛있게 굽기

014 샌드위치를 만들 때 중요한 유지류

014 자투리 식빵을 이용하기

든든한 한 끼가 되는 식빵

016 일본식 오믈렛 샌드위치

017 참치 어니언 마요 샌드위치

018 치킨 스테이크 오픈 샌드위치

019 콩나물 달걀 포켓 샌드위치

020 소시지 포테이토 토스트

021 카레 포켓 샌드위치

022 와사비 마요 게맛살 포켓 샌드위치

023 장조림 깻잎채 오픈 샌드위치

024 베트남식 반미 오픈 샌드위치

026 BLT 샌드위치

027 연어 크림치즈 오픈 샌드위치

028 매콤 불고기 오픈 샌드위치

029 야끼소바 포켓 샌드위치

030 소시지 나폴리탄 포켓 샌드위치

근사한 브런치가 되는 식빵

032 메이플 프렌치토스트

033 마요 에그 토스트

034 아보카도 치즈 토스트

035 생 햄과 브리치즈 오픈 샌드위치

036 하와이안 토스트

037 스크램블 에그 오픈 샌드위치

038 카프레제 샌드위치

039 바질 새우 포켓 샌드위치

040 베이크드 빈 소시지 토스트

041 크로크무슈

042 크로크마담

043 샐러드 오픈 샌드위치

044 까르보나라 샌드위치

행복한 일상의 맛, 간식이 되는 식빵

046 콘 샐러드 잼 포켓 샌드위치

047 소보로 오픈 샌드위치

048 코울슬로 포켓 샌드위치

049 포테이토 사라다 샌드위치

050 피자 토스트

051 포장마차 토스트

052 앙 버터 샌드위치

053 단호박 치즈 토스트

054 고구마 견과류 샌드위치

055 키위 토스트

056 할라피뇨 크림치즈 포켓 샌드위치

057 버터 시나몬 고구마 토스트

058 대만식 연유 샌드위치

059 연어 리예트 샌드위치

060 브로콜리 새우 포켓 샌드위치

061 그린 어니언 토스트

062 터키 샌드위치

063 달걀 샐러드 샌드위치

맛있고 달콤한 디저트가 되는 식빵

066 허니 버터 브레드

067 식빵 티라미수

068 블루베리 브레드 푸딩

069 초코 바나나

070 체리 크림치즈 샌드위치

071 인절미 토스트

072 마스카포네 딸기 샌드위치

073 마롱 크림 샌드위치

074 크랜베리 버터 샌드위치

075 쿠키 크림 오픈 샌드위치

076 앙 바나나 크림 샌드위치

077 스모어

078 견과류 초코 크림 샌드위치

밤이 즐거운 야식과 술안주가 되는 식빵

080 콘버터 포켓 샌드위치

081 오코노미야끼 오픈 샌드위치

082 어묵 마요 토스트

083 명란 마요 토스트

084 갈릭 버터 토스트

085 고르곤졸라 토스트

086 고추참치 치즈 토스트

087 양송이버섯카나페

088 올리브 치즈 카나페

089 스파이시 맥앤치즈 오픈 샌드위치

칼로리 DOWN, 다이어트를 위한 식빵

092 캐롯 캐롯 샌드위치

093 양배추 샐러드 포켓 샌드위치

094 참치 샐러드 오픈 샌드위치

095 오이 오픈 샌드위치

096 가지 올리브 토스트

097 토마토 셀러리 포켓 샌드위치

098 에그 토마토 샌드위치

099 셀러리 요거트 포켓 샌드위치

100 닭 가슴살 샐러드 포켓 샌드위치

101 그릴 두부 샌드위치

102 아보카도 두부 사라다 샌드위치

103 파프리카 포켓 샌드위치

104 애호박 양파 샌드위치

105 블루베리 요거트 포켓 샌드위치

106 배추 사라다 샌드위치

107 갈릭 팽이버섯 포켓 샌드위치

SPECIAL
식빵과 함께라면 언제나 좋은 잼

111 당근잼 | 마롱잼 | 땅콩잼

112 누텔라잼 | 단호박잼 | 홍차잼

113 와인잼

114 흑임자잼

115 녹차잼 | 인절미잼 | 밀크잼

116 과일잼 | 바나나잼 | 코코넛잼

시작하기 전에 알아두기

· 이 책의 모든 요리는 2인분을 기준으로 계량하였습니다.

· 요리에 사용한 재료는 계량컵과 계량스푼을 사용하였습니다.
  1큰술은 15ml이며 1작은술은 5ml입니다.

· 이 책에 나오는 샐리드 오일은 기본적으로 포도씨유, 해바라기유, 카놀라유 등 가정에서 일반
  적으로 사용하는 식용유를 말합니다.

· 이 책에 표기된 오일의 종류를 제대로 사용한다면 토스트와 샌드위치의 맛을 더욱 풍부하게 만
  들어 줄 것입니다.

· 이 책의 식빵 요리에 맞는 빵의 식감을 위해 식빵의 양쪽 면을 굽거나 한 쪽 면을 굽는 등 식빵
  굽는 방법을 달리 합니다.

· 모든 요리에 사용된 식빵은 토스터에서 3분 또는 220도로 예열된 오븐에서 3분간 굽습니다.
  입맛에 따라 굽는 시간의 조절을 하세요.

우리가 자주 먹는
식빵의 종류

통밀식빵

밀을 통째로 갈아서 비타민, 미네랄, 무기질이 풍부하지만 약간 씁쓸한 맛이 나고 거친 식감이 특징이다.

브리오슈식빵

버터와 같은 유지류 함량이 높은 빵으로, 유지류의 특성상 따뜻하게 먹을 경우 매우 부드러운 식감으로 먹을 수 있다. 토스트에 가장 어울린다.

우유식빵

강력분과 이스트 그리고 물 대신 우유를 넣어 질감이 촉촉하고 부드러운 식감을 가진 식빵으로, 일반적으로 가장 많이 먹는 식빵 중 하나다. 다양한 식빵 요리에 어울린다.

쌀식빵

밀가루와 달리 글루텐이 없어 알레르기가 있는 사람이나 소화가 잘 안 되는 사람에게 인기가 많다. 쌀식빵은 밀가루식빵에 비해 폭신한 느낌은 없지만 씹을수록 고소하고 감칠맛이 난다.

옥수수식빵

강력분과 옥수수가루로 반죽해서 글루텐 함량이 적어 쫄깃한 식감이 덜하고 다소 건조한 편이지만 고소한 맛이 난다.

식빵 요리를 위한
조리도구

토스터

가장 많이 사용하는 도구로,
자동 타이머 덕분에 가장 간
단하게 맛있는 토스트를 먹을
수 있다.

오븐토스터

토스트뿐만 아니라 식빵을
이용한 다양한 요리를 할 수
있다

프라이팬

오븐토스터나 토스터가 없을
때 사용한다. 특히 프라이팬
에서 식빵의 한 쪽 면만 구우
면 바삭함과 부드러운 식빵
의 질감을 느낄 수 있다.

오븐

오픈 샌드위치부터 브런치 메
뉴, 디저트까지 다양한 식빵
요리에 응용할 수 있다.

파니니 팬

그릴 모양으로 식감을 자극하
는 파니니 팬은 다양한 핫 샌
드위치를 만들 수 있다.

식빵을 오랫동안
맛있게 먹기

· 식빵을 3일 이내에 먹을 경우에는 반드시 실온에 보관하기를 권장한다.

· 냉장고에 보관하면 빵이 마르기 때문에 3일 이내 먹을 수 없을 경우에만 냉동 보관하는 것이 좋다. 이 때 랩을 이용해 식빵 두 장씩 꼼꼼하게 밀폐시킨다.

· 냉동 보관한 식빵을 자연 해동하여 사용하면 빵의 결이 살아난다.

샌드위치 빵 맛있게 굽기

· 오븐이나 토스터에 구우면 식빵의 양면을 맛있게 구울 수 있지만, 토스터가 없을 때는 중불에 달군 프라이팬에서 한 면당 1분 30초씩 굽는다.

· 오븐에 구울 때는 220도로 예열된 오븐에서 3분간 굽는다.

· 구운 식빵은 포개놓으면 빵의 열기 때문에 바삭한 식감을 잃고 눅눅해질 수 있기에 서로 기대어 한 김 식힌다.

샌드위치를 만들 때
중요한 유지류

샌드위치를 만들 때 보통은 식빵의 한 쪽 면에만 버터를 바른다. 왜냐하면 속 재료와 닿는 식빵을 기름막으로 코팅하여 샌드위치가 눅눅해지는 것을 막기 위함이다. 버터 이외의 마요네즈나 크림치즈를 사용해도 좋다. 그러나 소스가 빵에 스며들어야 풍미가 좋아지는 메뉴라면 이 과정을 생략하기도 한다.

자투리 식빵을 이용하기

샐러드용 크루통 만들기

샐러드를 먹을 때 가니쉬로 함께 곁들이면 좋은 크루통은 식빵 요리를 하고 남은 부분으로 만들면 좋다. 특히 샌드위치를 만들고 남은 식빵 테두리를 사방 1센티 크기로 잘라서 프라이팬에 넣고 약불에서 버터나 올리브 오일을 넉넉히 둘러 바삭하게 구워 한 김 식히면 바삭한 크루통이 완성된다. 밀폐 용기에 넣어 냉동 보관해 놓으면 샐러드나 스프를 먹을 때 곁들임으로도 좋다.

빵가루 만들기

식빵 보관을 잘못해서 빵이 말라 버렸다면 빵가루로 만들어 튀김 요리를 할 때 사용하면 좋다. 푸드 프로세서에 가볍게 갈아도 좋고, 두 손으로 비벼서 거칠게 만들어도 괜찮은 식감을 가진 빵가루가 된다.

고기 구울 때 기름 제거하기

식빵을 먹다보면 애매하게 한두 장 남을 때가 있다. 이럴 때는 집에서 고기를 구워 먹을 때 팬의 기름 제거용으로 아주 좋다. 유통기한이 지난 남은 식빵은 버리지 말고 꼭 활용하자.

1

든든한
한 끼가 되는
식빵

일본식 오믈렛 샌드위치

🍞 재료

식빵 2장

달걀 3개

생크림 3큰술

버터 1작은술

설탕 1큰술

맛술 1작은술

소금 1/5작은술

🍞 만드는 법

① 식빵 테두리는 잘라내고 한 쪽 면에 버터를 바른다.

② 볼에 달걀을 풀어준 후 생크림, 맛술을 넣고 섞는다.

③ ②에 설탕과 소금을 넣고 녹을 때까지 잘 섞는다.

④ 팬에 버터를 녹인 후 ③을 부어 오믈렛을 만든다.

⑤ 빵 사이에 ④를 끼워 넣고 먹기 좋은 크기로 자른다.

참치 어니언 마요 샌드위치

🍞 재료

식빵 2장

참치 캔 1개 150g

다진 양파 3큰술

다진 피클 1큰술

마요네즈 5큰술

버터 1작은술

후추 약간

🍞 만드는 법

① 식빵 테두리는 잘라내고 한 쪽 면에 버터를 바른다.

② 참치 캔은 기름기를 완전히 제거한다.

③ 볼에 ②의 참치, 양파, 피클, 마요네즈를 넣고 잘 섞는다.

④ 빵 사이에 ③을 끼워 넣고 먹기 좋은 크기로 자른 후 후추를
   뿌려 마무리한다.

치킨 스테이크 오픈 샌드위치

🍞 재료

식빵 2장

닭 가슴살 200g

밀가루 5큰술

버터 3큰술

홀 그레인 머스터드 1작은술

로즈마리 10g

올리브 오일 1큰술

소금 1/3작은술

후추 1/4작은술

🍞 만드는 법

① 식빵은 한 쪽 면만 바삭하게 구워 한 김 식힌다.

② 닭 가슴살은 올리브 오일, 소금, 후추, 로즈마리를 넣고 1시간
   정도 마리네이드 한다.

③ 닭 가슴살 겉면에 밀가루를 골고루 묻힌다.

④ 팬에 버터를 녹인 후 중약불에 닭 가슴살을 넣고 완전히 익힌다.

⑤ 식빵 한 쪽 면에 홀 그레인 머스터드를 바르고 ④의 스테이크를
   올려 마무리한다.

> **TIP**
> 닭 가슴살 대신 닭 안심, 닭 다리살을 사용해도 좋다.

콩나물 달걀 포켓 샌드위치

🍞 재료

식빵 1장 두께 2.5~3cm

달걀 1개

콩나물 40g

다진 마늘 1작은술

버터 1큰술

간장 1/2작은술

설탕 1작은술

소금 1/4작은술

후추 1/5작은술

파슬리 약간

🍞 만드는 법

① 팬에 버터를 녹인 후 다진 마늘을 넣고 갈색이 날 때까지 볶는다.

② 콩나물을 넣고 볶다가 달걀, 설탕, 간장, 소금, 후추를 넣고 스크램블을 만든다.

③ 빵은 양면을 팬에 살짝 구워낸 후 가운데를 잘라서 주머니 모양으로 만든다.

④ 빵 사이에 ②의 재료를 채우고 파슬리를 뿌려 마무리한다.

소시지 포테이토 토스트

🍞 재료

식빵 2장

소시지 2개

감자 1/2개

버터 1큰술

홀 그레인 머스터드 2작은술

토마토 케첩 약간

통후추 약간

🍞 만드는 법

① 소시지는 어슷썰기하고, 삶은 감자는 먹기 좋은 크기로 썬다.

② 식빵에 버터와 홀 그레인 머스터드를 바르고 소시지와 감자를 얹는다.

③ 오븐토스터에서 3분 또는 220도로 예열된 오븐에서 3분간 굽는다.

④ 기호에 따라 토마토케첩을 뿌리고 통후추를 뿌려 마무리한다.

> **TIP**
> 삶은 감자 대신 냉동 해시 포테이토나 웨지 감자를 사용해도 좋다.

카레 포켓 샌드위치

🍞 재료

식빵 1장 두께 2.5~3cm

시판 즉석 카레 1/2개

체더 치즈 1장

후추 약간

파슬리 약간

🍞 만드는 법

① 전자레인지를 이용해 즉석 카레를 따뜻하게 데운다.

② 빵은 양면을 팬에 살짝 구워낸 후 가운데를 잘라서 주머니 모양을 만든다.

③ 빵 사이에 체더 치즈를 넣은 후 ②의 카레를 붓고 후추와 파슬리를 뿌려 마무리한다.

와사비 마요 게맛살 포켓 샌드위치

🍞 재료

식빵 1장 두께 2.5~3cm

게맛살 120g

다진 양파 3큰술

오이 1/3개

마요네즈 5큰술

와사비 1작은술

꿀 1큰술

버터 1작은술

후추 약간

🍞 만드는 법

① 게맛살은 잘게 찢는다.

② 오이는 반으로 자른 후 씨를 제거하고 다진다.

③ 볼에 게맛살, 양파, 오이, 마요네즈, 와사비, 꿀을 넣고 잘 섞는다.

④ 빵은 양면을 팬에 살짝 구워낸 후 가운데를 잘라서 주머니 모양을 만든다.

⑤ 빵 사이에 ③을 넣고 먹기 좋은 크기로 잘라낸 후 후추를 뿌려 마무리한다.

장조림 깻잎채 오픈 샌드위치

🍳 재료

식빵 2장

장조림 100g

메추리알 5개

깻잎 6장

버터 1작은술

마요네즈 약간

🍳 만드는 법

① 장조림은 잘게 찢고, 메추리알은 반으로 자른다.

② 깻잎은 잘게 채 썬다.

③ 식빵 한 쪽 면에 버터를 바르고 깻잎, 장조림, 메추리알 순서로
올린다.

④ 입맛에 따라 마요네즈를 뿌린다.

베트남식 반미 오픈 샌드위치

🍞 재료

식빵 2장

돼지고기 앞다리살 150g

무당근 초절임 10g

오이 1/3개

로메인 4장

마요네즈 1큰술

샐러드 오일 1큰술

🍞 고기 양념

간장 1/2 큰술

설탕 1큰술

피시 소스 1/2 큰술

청주 1/2 큰술

라임주스 1큰술

소금 1/4 작은술

후추 1/5 작은술

🍞 만드는 법

① 볼에 고기와 양념을 넣고 30분간 재운다.

② 식빵은 한 쪽 면만 바삭하게 구워 한 김 식힌다.

③ 오이는 얇게 어슷썰기 한다.

④ 팬에 오일을 두르고 ①의 고기를 익힌다.

⑤ 식빵은 부드러운 면이 위쪽을 향하게 놓은 후 마요네즈를 바른다.

⑥ 로메인, 오이, 고기, 무당근 초절임, 고수 순서로 올린다

> TIP
> · 스리라차 소스와 고수는 기호에 따라 넣거나 뺀다.
> · 피시 소스 대신 까나리 액젓으로 대체해도 좋다.
> · 무당근 초절임 대신 시판용 쌈무를 사용해도 좋다

BLT 샌드위치

🍞 **재료**

식빵 2장

베이컨 6장

토마토 1/2개

양상추 2장

버터 1작은술

머스터드 2작은술

🍞 **만드는 법**

① 식빵은 양쪽 면을 구워낸 후 한 김 식힌다.

② 팬에 베이컨을 살짝 굽는다.

③ 토마토는 슬라이스 하고 양상추는 먹기 좋은 크기로 손질한다.

④ 식빵 한 쪽 면에 각각 버터를 바르고 머스터드를 바른다.

⑤ 베이컨, 토마토, 양상추 순서로 넣고 다른 식빵으로 덮은 후 반으로 잘라 마무리한다.

TIP

· BLT는 베이컨, 양상추, 토마토의 약자로, 전 세계적으로 사랑받는 대표적인 샌드위치다.

· 달걀 프라이를 넣으면 영양적으로도 좋다.

연어 크림치즈 오픈 샌드위치

🥪 재료

식빵 2장

연어 140g

크림치즈 3큰술

양파 1/4개

블랙 올리브 3개

케이퍼 1큰술

통후추 약간

🥪 만드는 법

① 식빵은 한 쪽 면만 바삭하게 구워 한 김 식힌다.

② 연어는 먹기 좋은 크기로 손질하고, 양파와 올리브는 잘게 채 썬다.

③ 식빵은 부드러운 면이 위쪽을 향하게 놓은 후 크림치즈를 바른다.

④ 연어, 양파, 올리브, 케이퍼 순서로 올린 후 통후추를 뿌려 마무리한다.

매콤 불고기 오픈 샌드위치

🍞 재료

식빵 2장

불고기용 고기 140g

느타리버섯 40g

로메인 4장

청양고추 1개

다진 실파 1작은술

마요네즈 1큰술

샐러드 오일 1큰술

🍞 고기 양념

간장 2큰술

설탕 1큰술

청주 1/2큰술

다진 마늘 1/2큰술

참기름 1작은술

소금 1/4작은술

후추 1/5작은술

🍞 만드는 법

① 볼에 고기와 양념을 넣고 30분간 재운다.

② 식빵은 한 쪽 면만 바삭하게 구워 한 김 식힌다.

③ 버섯은 잘게 찢고, 고추는 어슷썰기 한다.

④ 팬에 오일을 두르고 ①의 고기와 ③의 버섯과 고추를 함께 볶는다.

⑤ 식빵은 부드러운 면이 위쪽을 향하게 놓은 후 마요네즈를 바른다.

⑥ 식빵 위에 로메인을 깔고 ④의 불고기를 올린 후 다진 실파를 올려 마무리한다.

야끼소바 포켓 샌드위치

🍞 재료

식빵 1장 두께 2.5~3cm

삶은 파스타면 80g

베이컨 2장

양배추 20g

다진 실파 1작은술

샐러드 오일 1큰술

베니쇼가 약간

🍞 소스

돈가스 소스 2큰술

토마토케첩 1큰술

쯔유 1큰술

굴소스 1작은술

설탕 2큰술

후추 1/4작은술

🍞 만드는 법

① 면은 8분간 삶고 소스는 냄비에 모든 재료를 넣고 농도가 진
　해지도록 끓인다.

② 양배추와 베이컨은 먹기 좋은 크기로 자른다.

③ 팬에 오일을 두르고 베이컨을 굽는다.

④ 베이컨이 익으면 양배추와 ①의 삶은 면과 소스를 넣고 센 불
　에서 빠르게 볶는다.

⑤ 빵은 양면을 팬에 살짝 구워낸 후 가운데를 잘라서 주머니 모
　양을 만들고 ④의 야끼소바를 채운다.

⑥ 다진 실파와 베니쇼가를 얹어 마무리한다.

소시지 나폴리탄 포켓 샌드위치

재료

식빵 1장 두께 2.5~3cm

삶은 파스타면 80g

비엔나 소시지 1개

피망 1/2개

양파 1/4개

토마토케첩 3큰술

설탕 1큰술

샐러드 오일 1큰술

파마산 치즈 약간

후추 약간

파슬리 약간

만드는 법

① 면은 8분간 삶고, 피망, 양파, 소시지는 채썬다.

② 팬에 오일을 두르고 소시지를 굽는다.

③ 소시지가 익으면 ①의 채소와 삶은 면, 케첩과 설탕, 후추를 넣고 센 불에 빠르게 볶는다.

④ 빵은 양면을 팬에 살짝 구워낸 후 가운데를 잘라서 주머니 모양을 만들고 ③의 나폴리탄을 채운다.

⑤ 파슬리와 파마산 치즈, 후추를 뿌려 마무리한다.

근사한
브런치가 되는
식빵

메이플 프렌치토스트

🍞 재료

식빵 2장

달걀 1개

우유 80ml

메이플 시럽 2큰술

버터 2큰술

아몬드 슬라이스 1큰술

슈가 파우더 약간

🍞 만드는 법

① 볼에 달걀을 넣고 풀어준 후 우유를 부어 함께 섞는다.

② 메이플 시럽을 넣고 완전히 녹을 때까지 섞는다.

③ 식빵을 반으로 자른 후 ②에 넣고 골고루 잘 묻힌다.

④ 팬에 버터를 녹인 후 약불에서 식빵이 갈색으로 변할 때까지 굽는다.

⑤ 아몬드 슬라이스와 슈가 파우더를 뿌려 마무리한다.

마요 에그 토스트

🍞 **재료**

식빵 2장

달걀 2개

소금 약간

후추 약간

파슬리 약간

🍞 **만드는 법**

① 식빵 테두리를 따라 마요네즈를 1.5cm 이상 높이로 짜준다.

② 달걀을 넣고 소금, 후추를 뿌린다.

③ 오븐토스터에서 3분 또는 220도로 예열된 오븐에서 3분간 구 워낸 후 파슬리를 뿌린다.

아보카도 치즈 토스트

🍞 재료

식빵 2장

아보카도 1개

모짜렐라 치즈 2장

버터 1작은술

홀 그레인 머스터드 2작은술

후추 약간

소금 약간

🍞 만드는 법

① 아보카도는 반으로 갈라 씨를 제거한 후 슬라이스 한다.

② 식빵 한 면에 버터를 바른 후 홀 그레인 머스터드를 바른다.

③ 모짜렐라 치즈를 올리고 아보카도를 올린 후 소금을 뿌린다.

④ 오븐토스터에서 3분 또는 220도로 예열된 오븐에서 3분간 구워낸 후 후추를 뿌려 마무리한다.

생 햄과 브리치즈 오픈 샌드위치

🍞 재료

식빵 2장

브리치즈 70g

생 햄 4장

마요네즈 1큰술

올리브 오일 1/2큰술

🍞 만드는 법

① 식빵은 한 쪽 면만 바삭하게 구워 한 김 식힌다.

② 치즈와 햄은 먹기 좋은 크기로 자른다.

③ 식빵은 부드러운 면이 위쪽을 향하게 놓은 후 마요네즈를 바른다.

④ 식빵 위에 치즈와 햄을 올린 후 올리브 오일을 뿌려 마무리한다.

하와이안 토스트

🍞 재료

식빵 2장

파인애플 슬라이스 2개

햄 2장

버터 1큰술

마요네즈 1큰술

후추 약간

🍞 만드는 법

① 식빵은 양쪽 면을 바삭하게 구워낸 후 한 김 식힌다.

② 팬에 버터를 두르고 파인애플과 햄을 굽는다.

③ 식빵에 마요네즈를 바른 후 햄과 파인애플을 올리고 후추를 뿌려 마무리한다.

스크램블 에그 오픈 샌드위치

🍞 재료

식빵 2장

달걀 2개

우유 3큰술

버터 1큰술

소금 1/2작은술

후추 1/4큰술

마요네즈 약간

토마토케첩 약간

파슬리 약간

🍞 만드는 법

① 식빵은 한 쪽 면만 바삭하게 구워 한 김 식힌다.

② 볼에 달걀을 풀고 우유와 소금, 후추를 넣고 섞는다.

③ 팬에 버터를 녹인 후 ②를 넣고 스크램블을 만든다.

④ 식빵은 부드러운 면이 위쪽을 향하게 놓은 후 마요네즈와 케첩을 뿌린다.

⑤ ③의 스크램블을 ①의 식빵에 올리고 파슬리를 뿌려 마무리한다.

카프레제 샌드위치

🍞 **재료**

식빵 2장

생 모짜렐라 치즈 80g

토마토 1/2개

바질 4장

올리브 오일 1/2큰술

🍞 **만드는 법**

① 식빵 테두리는 잘라내고 한 쪽 면에 올리브 오일을 바른다.

② 토마토와 모짜렐라 치즈는 1cm 두께로 슬라이스 한다.

③ 식빵, 치즈, 바질, 토마토, 식빵 순서로 올린다.

바질 새우 포켓 샌드위치

🍞 재료

식빵 1장 두께 2.5~3cm

새우 100g

마늘 2쪽

페페론치노 1작은술

바질 4장

올리브 오일 1큰술

소금 약간

후추 약간

🍞 만드는 법

① 마늘은 편 썰고 바질은 잘게 썬다.

② 팬에 오일을 두르고 ①의 마늘을 넣고 갈색이 날 때까지 익힌다.

③ ②의 팬에 새우를 넣고 ①의 바질과 페페론치노, 소금, 후추를 넣고 함께 익힌다.

④ 빵은 양면을 팬에 살짝 구워낸 후 가운데를 잘라서 주머니 모양으로 만들고 ③을 채운다.

베이크드 빈 소시지 토스트

🍞 재료

식빵 2장

소시지 2개

베이크드 빈 4큰술

버터 1작은술

파마산 치즈 약간

파슬리 약간

🍞 만드는 법

① 소시지는 어슷썰기 한다.

② 식빵 한 쪽 면에 버터를 바르고 베이크드 빈과 소시지를 올린다.

③ ②를 오븐토스터에서 3분 또는 220도로 예열된 오븐에서 3분
간 구워낸 후 파마산 치즈와 파슬리를 뿌려 마무리한다.

크로크무슈

🍞 재료

식빵 2장
그뤼에르 치즈 2장
슬라이스 햄 2장
베샤멜소스 1큰술

🍞 만드는 법

① 식빵은 양쪽 면을 바삭하게 구워낸 후 한 김 식힌다.

② 식빵 한 쪽 면에 각각 베샤멜소스를 바르고 햄과 그뤼에르 치즈를 올리고 식빵으로 덮는다.

③ ②에 그뤼에르 치즈를 한 장 얹고 오븐토스터에서 3분 또는 220도로 예열된 오븐에서 3분간 굽는다.

크로크마담

🍞 **재료**

식빵 2장

그뤼에르 치즈 2장

슬라이스 햄 2장

달걀 1개

베샤멜소스 1큰술

🍞 **만드는 법**

① 식빵은 양쪽 면을 바삭하게 구워낸 후 한 김 식힌다.

② 식빵 한 쪽 면에 각각 베샤멜소스를 바르고 햄과 그뤼에르 치즈 엎고 다른 식빵으로 덮는다.

③ ②에 그뤼에르 치즈를 한 장 엎고 오븐토스터에서 3분 또는 220도로 예열된 오븐에서 3분간 굽는다.

④ 반숙 달걀을 올려 마무리한다.

> **TIP**
> · 크로크마담은 크로크무슈에 달걀을 올린 오픈 샌드위치다.
> · 이름대로 숙녀의 샌드위치로 반숙 달걀과 함께 먹으면 맛과 영양학적으로 좋다.

샐러드 오픈 샌드위치

🍞 재료

식빵 2장

로메인 5장

베이컨 2장

파마산 치즈 약간

통후추 약간

🍞 드레싱 재료

마요네즈 3큰술

허니 머스터드 1큰술

올리브 오일 1큰술

멸치액젓 1작은술

다진 마늘 1작은술

식초 1작은술

후추 약간

🍞 만드는 법

① 식빵은 양쪽 면을 바삭하게 구워낸 후 한 김 식힌다.

② 베이컨은 바삭하게 구워낸 후 1.5cm 크기로 자른다.

③ 로메인은 한 입 크기로 자른다.

④ 드레싱 재료를 모두 섞어 드레싱을 만든다.

⑤ 식빵에 ④의 드레싱을 바른 후 로메인과 베이컨, 파마산 치즈, 통후추 순서로 올려 마무리한다.

> **TIP**
> 식빵을 바삭하게 구워 샐러드의 크루통과 같은 느낌을 준다.

까르보나라 샌드위치

🍞 **재료**

식빵 2장

달걀 2개

생크림 60g

버터 20g

베이컨 2장

파마산 치즈 1큰술

마요네즈 2큰술

소금 1/3작은술

후추 약간

🍞 **만드는 법**

① 식빵 테두리는 잘라내고 한 쪽 면에 버터를 바른다.

② 베이컨은 바삭하게 구워낸 후 1.5cm 크기로 자른다.

③ 볼에 달걀을 풀고 생크림, 소금을 넣고 잘 섞는다.

④ 팬에 버터를 녹인 후 ③을 넣어 스크램블을 만든다.

⑤ 볼에 스크램블과 베이컨, 마요네즈, 파마산 치즈를 넣고 잘 섞는다.

⑥ 빵 사이에 ⑤를 넣고 먹기 좋은 크기로 잘라낸 후 후추를 뿌려 마무리한다.

행복한 일상의 맛,
간식이 되는 식빵

콘 샐러드 잼 포켓 샌드위치

🍞 재료

식빵 1장 두께 2.5~3cm

콘 샐러드 6큰술

딸기잼 1큰술

후추 약간

파슬리 약간

🍞 만드는 법

① 빵은 양면을 팬에 살짝 구워낸 후 가운데를 잘라서 주머니 모양
　을 만든다.

② 식빵 안쪽에 딸기잼을 바른다.

③ 콘 샐러드를 채우고 후추와 파슬리를 뿌려 마무리한다.

TIP 콘 샐러드 만들기

재료 옥수수 캔 1캔, 파프리카 1/3개, 피망 1/3개, 양파 1/3개, 마요네즈 5큰술, 설탕 1큰술, 식초 1큰
　술, 후추 약간

① 옥수수 캔은 물기를 완전히 제거하고, 파프리카, 피망, 양파는 옥수수알 크기로 썬다.

② 볼에 마요네즈, 설탕, 식초, 후추를 넣고 설탕이 녹을 때까지 잘 섞는다.

③ ②에 옥수수랑 채소를 넣고 잘 버무린다. 패스트푸드점에서 판매하는 콘 샐러드를 이용해서 간단하게
　만들 수도 있다.

소보로 오픈 샌드위치

🍞 **재료**

식빵 2장

딸기잼 1큰술

버터 2큰술

소보로 100g

슈가 파우더 약간

🍞 **만드는 법**

① 식빵은 한 쪽 면만 바삭하게 구워 한 김 식힌다.

② 소보로를 만든다.

③ 식빵 한 면에 버터를 바른 후 딸기잼을 바른다.

④ ③에 소보로를 올리고 슈가 파우더를 뿌려 마무리한다.

TIP 소보로 만들기

재료 버터 30g, 땅콩버터 10g, 설탕 30g, 박력분 50g 베이킹파우더 1/5작은술, 소금 1/5작은술

① 볼에 버터와 땅콩버터를 넣어 거품기로 부드럽게 풀고, 설탕과 소금을 넣어 설탕이 녹을 때까지 섞는다.

② 박력분과 베이킹파우더를 체로 쳐서 ②에 넣어준 후 보슬보슬한 상태가 될 때까지 섞는다.

③ 175도로 예열된 오븐에 15분간 구워낸 후 한 김 식힌다.

코울슬로 포켓 샌드위치

🍞 재료

식빵 1장 두께 2.5~3cm

양배추 50g

당근 25g

마요네즈 3큰술

설탕 1큰술

식초 1큰술

버터 1작은술

소금 1/2작은술

후추 1/3작은술

파슬리 약간

🍞 만드는 법

① 양배추와 당근은 잘게 채 썬다.

② 볼에 마요네즈, 설탕, 식초, 소금, 후추를 넣고 설탕이 녹을 때까지 잘 섞는다.

③ ②에 ①의 양배추랑 당근을 넣고 잘 버무린다.

④ 빵은 양면을 팬에 살짝 구워낸 후 가운데를 잘라서 주머니 모양을 만든다.

⑤ 빵 사이에 ③을 넣고 후추와 파슬리를 뿌려 마무리한다.

포테이토 사라다 샌드위치

🍞 재료

식빵 2장

삶은 감자 80g

마요네즈 3큰술

설탕 1큰술

머스터드 1작은술

버터 1작은술

소금 1/2작은술

후추 1/3작은술

파슬리 약간

🍞 만드는 법

① 식빵 테두리는 잘라내고 한 쪽 면에 버터를 바른다.

② 삶은 감자는 숟가락이나 포크를 이용해 완전히 으깬다.

③ 볼에 마요네즈, 설탕, 머스터드, 소금, 후추를 넣고 설탕이 녹을
때까지 잘 섞는다.

④ ③에 감자를 넣고 잘 버무린다.

⑤ 빵 사이에 ④를 넣고 먹기 좋은 크기로 잘라낸 후 파슬리를 뿌
려 마무리한다.

피자 토스트

🍞 재료

식빵 2장

피망 1/2개

블랙 올리브 3개

양송이버섯 2개

모짜렐라 치즈 2장

토마토소스 3큰술

파마산 치즈 약간

🍞 만드는 법

① 피망, 올리브, 양송이버섯은 슬라이스 한다.

② 식빵 한 쪽면에 토마토소스를 바르고 ①의 피망, 올리브, 양송이버섯을 올린다.

③ 모짜렐라 치즈를 올리고 오븐토스터에서 3분 또는 220도로 예열된 오븐에서 3분간 구워낸 후 파마산 치즈를 뿌려 마무리한다.

포장마차 토스트

🍞 재료

식빵 2장

달걀 2개

양배추 30g

양파 10g

당근 10g

슬라이스 햄 1장

체더 치즈 1장

마가린 2큰술

소금 1/3작은술

후추 1/3작은술

토마토케첩 약간

마요네즈 약간

설탕 약간

🍞 만드는 법

① 팬에 마가린을 녹인 후 식빵 양면을 노릇하게 굽는다.

② 양배추, 양파, 당근은 잘게 채 썬다.

③ 볼에 달걀, 소금, 후추를 넣고 풀어준 후 ②의 재료를 넣고 잘 섞는다.

④ 팬에 마가린을 녹인 후 ③의 재료를 부어 사각 모양으로 부친다.

⑤ 식빵 위에 ④를 올린 후 햄과 치즈를 올리고 토마토케첩, 마요네즈, 설탕을 뿌린다.

앙 버터 샌드위치

🍞 재료

식빵 2장

팥 앙금 80g

무염버터 차가운 것 50g

🍞 만드는 법

① 팥 앙금을 만든다.

② 식빵 한 쪽 면에 팥 앙금과 차가운 무염버터를 올리고 다른 식빵으로 덮는다.

TIP 팥 앙금 만들기

재료 팥 300g, 설탕 200g, 소금 1작은술

① 팥은 깨끗하게 씻고 반나절 정도 물에 불리고 냄비에 팥이 잠길 정도로 물을 붓고 삶은 후 물을 버린다.

② 두 번째 물을 붓고 다시 한 번 끓어오르면 15분간 끓인 후 다시 물을 버린다. 팥의 쓰고 떫은맛을 없애기 위해 반드시 삶은 물을 버린다.

③ 물 1L를 붓고 약불에서 1시간 정도 푹 끓이고 설탕과 소금을 넣고 수분이 완전히 없어질 때까지 젓는다.

단호박 치즈 토스트

🍞 재료

식빵 2장

단호박 1/4개

모짜렐라 치즈 2장

버터 1작은술

꿀 1작은술

시나몬 파우더 약간

소금 약간

🍞 만드는 법

① 단호박은 씨를 제거하고 슬라이스 한다.

② 식빵 한 쪽 면에 버터를 바르고 꿀을 바른다.

③ 모짜렐라 치즈, 단호박 순서로 올린 후 소금을 뿌린다.

④ 오븐토스터에서 3분 또는 220도로 예열된 오븐에서 3분간 구
워낸 후 시나몬 파우더를 뿌려 마무리한다.

고구마 견과류 샌드위치

🍞 재료

식빵 2장

삶은 고구마 80g

마요네즈 3큰술

설탕 1큰술

다진 견과류 1큰술

버터 1작은술

소금 1/3작은술

후추 1/4작은술

🍞 만드는 법

① 식빵 테두리는 잘라내고 한 쪽 면에 버터를 바른다.

② 삶은 고구마는 숟가락이나 포크를 이용해 완전히 으깬다.

③ 볼에 마요네즈, 설탕, 소금, 후추를 넣고 설탕이 녹을 때까지 잘 섞는다.

④ ③에 고구마와 견과류를 넣고 잘 버무린다.

⑤ 빵 사이에 ④를 끼워 넣고 먹기 좋은 크기로 잘라 마무리한다.

키위 토스트

🍞 **재료**

식빵 2장

달걀 2개

양배추 20g

옥수수 캔 1큰술

슬라이스 햄 1장

체더 치즈 1장

특제소스 1큰술

마가린 2큰술

소금 1/3작은술

후추 1/4작은술

🍞 **만드는 법**

① 팬에 마가린을 녹인 후 식빵 양면을 노릇하게 굽는다.

② 양배추는 잘게 채 썰고 옥수수는 물기를 제거한다.

③ 볼에 달걀, 소금, 후추를 넣어 잘 풀어준 후 옥수수도 넣어 함께 섞는다.

④ 팬에 마가린을 녹인 후 ③의 재료를 사각 모양으로 부친다.

⑤ 식빵 위에 특제소스를 바른 후 ④와 햄, 치즈 순서로 올리고 다른 식빵으로 덮는다.

> **TIP**
> 특제소스는 시판용 키위 드레싱 50g, 마요네즈 50g, 설탕 20g, 물엿 30g을 섞어서 만든다.

할라피뇨 크림치즈 포켓 샌드위치

🍞 재료

식빵 1장 두께 2.5~3cm

크림치즈 100g

할라피뇨 20g

후추 약간

파슬리 약간

🍞 만드는 법

① 크림치즈는 실온에 두어 부드럽게 푼다.

② 할라피뇨는 잘게 다지고 크림치즈와 함께 잘 섞는다.

③ 빵은 양면을 팬에 살짝 구워낸 후 가운데를 잘라서 주머니 모양을 만든다.

④ ②의 할라피뇨 크림치즈를 채우고 후추와 파슬리를 뿌려 마무리한다.

버터 시나몬 고구마 토스트

🍞 **재료**

식빵 2장

고구마 1/3개

버터 1작은술

꿀 1작은술

시나몬 파우더 약간

🍞 **만드는 법**

① 고구마는 껍질을 제거하고 얇게 슬라이스 한다.

② 식빵 한 쪽 면에 버터를 바르고 꿀을 바른다.

③ 고구마를 올리고 오븐토스터에서 3분 또는 220도로 예열된 오븐에서 3분간 구워낸 후 시나몬 파우더를 뿌려 마무리한다.

대만식 연유 샌드위치

🍞 재료

식빵 4장

달걀 2개

슬라이스 햄 1장

체더 치즈 1장

마요네즈 2큰술

버터 1큰술

연유 1큰술

소금 1/3작은술

🍞 만드는 법

① 달걀은 소금으로 간을 하고 잘 풀어 지단을 부쳐 식빵 크기로 잘라 두 장을 준비한다.

② 버터를 부드럽게 풀어 연유와 섞는다.

③ 식빵의 아랫면과 윗면에는 마요네즈 1큰술씩 바른다.

④ 마요네즈를 바른 식빵 위에 달걀지단을 1장씩 올린다.

⑤ ④ 위에 식빵을 한 장 올리고 연유와 버터를 바른다.

⑥ 슬라이스 햄과 체더 치즈를 올리고 다른 식빵으로 덮은 후 식빵 테두리는 잘라내고 삼각 모양으로 자른다.

연어 리예트 샌드위치

🍞 재료

식빵 2장

연어 캔 80g

다진 딜 1작은술

마요네즈 1큰술

사워크림 1큰술

버터 1작은술

후추 1/3작은술

🍞 만드는 법

① 식빵 테두리는 자르고 한 쪽 면에 버터를 바른다.

② 연어 캔은 기름기를 완전히 제거한다.

③ 볼에 마요네즈, 사워크림, 다진 딜, 후추를 넣고 잘 섞는다.

④ 빵 사이에 ③을 넣고 먹기 좋은 크기로 자른다.

브로콜리 새우 포켓 샌드위치

🥪 재료

식빵 1장 두께 2.5~3cm

새우 5마리

브로콜리 50g

마요네즈 3큰술

머스터드 1작은술

후추 약간

🥪 만드는 법

① 새우와 브로콜리는 끓는 물에 데쳐서 1cm 크기로 썬다.

② 볼에 마요네즈와 머스터드, ①의 새우와 브로콜리를 넣고 잘 버무린다.

③ 빵은 양면을 팬에 살짝 구워낸 후 가운데를 잘라서 주머니 모양을 만든다.

④ 빵 사이에 ②의 재료를 채우고 후추를 뿌려 마무리한다.

그린 어니언 토스트

🍞 **재료**

식빵 2장

파 1/4개

모짜렐라 치즈 2장

버터 1작은술

올리브 오일 1큰술

고춧가루 1작은술

🍞 **만드는 법**

① 파는 식빵 길이로 자른다.

② 팬에 오일을 두르고 파를 굽는다.

③ 식빵 한 쪽 면에 버터를 바른 후 구운 파를 올린다.

④ 모짜렐라 치즈를 올리고 오븐토스터에서 3분 또는 220도로 예열된 오븐에서 3분간 구워낸 후 고춧가루를 뿌려 마무리한다.

터키 샌드위치

🍞 재료

식빵 2장

칠면조 고기 70g

채 썬 양배추 50g

마요네즈 2큰술

크랜베리잼 1큰술

버터 1큰술

설탕 1작은술

🍞 만드는 법

① 식빵은 양쪽 면을 바삭하게 구워낸 후 한 김 식힌다.

② 팬에 버터를 두르고 칠면조 고기를 구워 슬라이스 한다.

③ 볼에 양배추와 마요네즈, 설탕을 넣어 잘 버무린다.

④ 식빵 한 쪽 면에 크랜베리잼을 바른 후 칠면조 고기와 ③의 재료를 올려 먹기 좋은 크기로 자른다.

> **TIP**
> · 미국에서 즐겨먹는 터키 샌드위치는 칠면조 고기와 잼을 곁들여 먹는 샌드위치다.
> · 칠면조 고기 대신 닭고기를 이용해도 좋다.

달걀 샐러드 샌드위치

🍞 **재료**

식빵 2장

삶은 달걀 2개

마요네즈 3큰술

설탕 1큰술

버터 1작은술

소금 1/3작은술

🍞 **만드는 법**

① 식빵 테두리는 잘라내고 한 쪽 면에 버터를 바른다.

② 삶은 달걀은 숟가락이나 포크를 이용해 완전히 으깬다.

③ 볼에 마요네즈, 설탕, 소금을 넣고 설탕이 녹을 때까지 잘 섞는다.

④ ③에 ②의 달걀을 넣고 잘 버무린다.

⑤ 빵 사이에 ④를 넣고 먹기 좋은 크기로 자른다.

맛있고 달콤한
디저트가 되는
식빵

허니 버터 브레드

🍞 재료

식빵 1장 두께 5cm

버터 2큰술

꿀 1큰술

아몬드 슬라이스 1큰술

🍞 만드는 법

① 식빵은 9등분이 되도록 칼집을 낸다.

② 버터는 부드럽게 풀고 꿀을 넣어 잘 섞는다.

③ 칼집을 낸 식빵 사이에 ②를 바른다.

④ 오븐토스터에서 3분 또는 220도로 예열된 오븐에서 3분간
구워낸 후 아몬드 슬라이스를 뿌리고 입맛에 따라 생크림을
올린다.

> **TIP**
> 통 식빵이 없다면 식빵 3장을 쌓아서 만들어도 좋다.

식빵 티라미수

🍞 재료

식빵 3장

마스카포네 치즈 100g

설탕 10g

에스프레소 40ml

코코아 파우더 약간

🍞 만드는 법

① 볼에 마스카포네 치즈를 부드럽게 풀고 설탕을 넣어 섞는다.

② 차가운 에스프레소를 준비한다.

③ 식빵의 한 쪽 면에 ①을 발라 식빵을 올리고 붓을 이용해서
②의 에스프레소를 바른다.

④ ①을 한 번 더 발라준 후 식빵을 한 장 더 덮고 식빵 테두리는
잘라낸다.

⑤ 코코아 파우더를 뿌려 마무리한다.

> **TIP**
> 만들어진 티라미수는 냉장고에 넣어 크림을 굳힌 후 차갑게 먹는 것이
> 좋다.

블루베리 브레드 푸딩

🍞 재료

식빵 2개

달걀 1개

생크림 60g

우유 30g

메이플 시럽 1큰술

견과류 20g

블루베리 30g

슈가 파우더 약간

🍞 만드는 법

① 식빵은 깍둑썰기 한다.

② 볼에 달걀을 풀고 생크림, 우유, 메이플 시럽을 넣어 잘 섞는다.

③ 내열용기에 식빵을 넣고 ②를 붓는다.

④ 견과류와 블루베리를 올리고 175도로 예열된 오븐에 15분간
구워낸 후 슈가 파우더를 뿌려 마무리한다.

초코 바나나

🍞 재료

식빵 2장

초콜릿 청크 60g

바나나 1/2개

버터 1큰술

코코아 파우더 약간

🍞 만드는 법

① 바나나는 5mm 두께로 슬라이스 한다.

② 식빵 한 쪽 면에 버터를 바르고 초콜릿을 골고루 올린다.

③ 바나나를 올리고 오븐토스터에서 3분 또는 220도로 예열된 오븐에서 3분간 구워낸 후 코코아 파우더를 뿌려 마무리한다.

체리 크림치즈 샌드위치

🍞 **재료**

식빵 2장

크림치즈 100g

체리잼 3큰술

슈가 파우더 25g

버터 1큰술

🍞 **만드는 법**

① 식빵 테두리는 잘라내고 한 쪽 면에 버터를 바른다.

② 크림치즈는 실온에 두어 부드럽게 풀어준 후 슈가 파우더를 넣어 잘 섞는다.

③ ②에 체리잼을 넣어 함께 섞는다.

④ 빵 사이에 ③을 넣고 먹기 좋은 크기로 자른다.

인절미 토스트

🍞 **재료**

식빵 2장

인절미 6개

버터 1큰술

꿀 1큰술

아몬드 슬라이스 약간

콩가루 약간

🍞 **만드는 법**

① 식빵의 한 쪽 면에 버터를 바른다.

② 인절미는 먹기 좋은 크기로 잘라서 빵 위에 올려준 후 꿀을 뿌리고 빵으로 덮는다.

③ 오븐토스터에서 3분 또는 220도로 예열된 오븐에서 3분간 구워낸 후 아몬드 슬라이스와 콩가루를 뿌려 마무리한다.

마스카포네 딸기 샌드위치

🍞 재료

식빵 2장

딸기 10개

마스카포네 치즈 100g

연유 20g

버터 1작은술

슈가 파우더 약간

🍞 만드는 법

① 식빵 테두리는 잘라내고 한 쪽 면에 버터를 바른다.

② 볼에 마스카포네 치즈를 부드럽게 풀어준 후 연유를 넣어 잘 섞는다.

③ 딸기는 슬라이스 한다.

④ 식빵의 한 쪽 면에 ②를 바르고 ③의 딸기를 올린 후 식빵 한 장을 덮는다.

⑤ 슈가 파우더를 뿌려 마무리한다.

> **TIP**
> 딸기 샌드위치는 냉장고에 넣어서 크림을 굳힌 후 차갑게 먹는 것이 좋다.

마롱 크림 샌드위치

🍞 재료

식빵 2개

삶은 밤 10개

생크림 50g

버터 1작은술

설탕 5g

🍞 만드는 법

① 식빵 테두리는 잘라내고 한 쪽 면에 버터를 바른다.

② 삶은 밤은 숟가락이나 포크를 이용해 완전히 으깬다.

③ 볼에 생크림과 설탕을 넣고 거품기로 크림이 단단해질 때까지 휘핑을 한다.

④ ②를 ③에 넣고 함께 섞는다.

⑤ 빵 사이에 ④를 넣고 먹기 좋은 크기로 자른다.

> **TIP**
> 마롱 크림 샌드위치는 냉장고에 넣어서 크림을 굳힌 후 차갑게 먹는 것이 좋다.

크랜베리 버터 샌드위치

🍞 재료

식빵 2개

버터 70g

건크랜베리 50g

럼주 20ml

버터 1큰술

설탕 10g

🍞 만드는 법

① 식빵 테두리는 잘라내고 한 쪽 면에 버터를 바른다.

② 건크랜베리는 잘게 다진다.

③ 볼에 버터를 넣고 거품기로 부드럽게 푼다.

④ 설탕을 넣고 완전히 녹을 때까지 섞는다.

⑤ ④에 ②의 다진 크랜베리와 럼주를 넣고 함께 잘 섞는다.

⑥ 빵 사이에 ⑤를 넣고 먹기 좋은 크기로 자른다.

> **TIP**
> 크랜베리 버터 샌드위치는 냉장고에 넣어서 크림을 굳힌 후 차갑게 먹는 것이 좋다.

쿠키 크림 오픈 샌드위치

🍞 재료

식빵 2장

오레오 4개

생크림 100g

설탕 10g

🍞 만드는 법

① 오레오 쿠키는 비닐 팩에 넣어서 잘게 부순다.

② 볼에 생크림과 설탕을 넣고 거품기로 크림이 단단해질 때까지 휘핑을 한다.

③ 오레오 쿠키와 휘핑한 크림을 잘 섞고 짤 주머니에 넣고 식빵 위에 짠다.

④ 가니쉬로 오레오 쿠키를 올려서 마무리한다.

앙 바나나 크림 샌드위치

🍞 재료

식빵 2개

바나나 1/2개

팥 앙금 50g

생크림 50g

버터 1작은술

설탕 5g

🍞 만드는 법

① 식빵 테두리는 잘라내고 한 쪽 면에 버터를 바른다.

② 바나나는 5mm 두께로 썬다.

③ 볼에 생크림과 설탕을 넣고 거품기로 크림이 단단해질 때까지 휘핑을 한다.

④ 빵 한 쪽 면에는 팥 앙금을 골고루 바르고 다른 한 쪽 면에는 휘핑한 생크림을 바른다.

⑤ 바나나를 올리고 다른 식빵으로 덮은 후 먹기 좋게 자른다.

> **TIP**
> 앙 바나나 크림 샌드위치는 냉장고에 넣어서 크림을 굳힌 후 차갑게 먹는 것이 좋다.

스모어

🍞 재료

식빵 2장

마시멜로 30g

다크 초콜릿 40g

생크림 30g

아몬드 슬라이스 2큰술

🍞 만드는 법

① 볼에 생크림과 초콜릿을 넣고 중탕으로 초콜릿이 완전히 녹을 때까지 젓는다.

② 식빵에 ①을 골고루 바른 후 아몬드 슬라이스를 뿌리고 마시멜로를 올린다.

③ 오븐토스터에서 3분 또는 220도로 예열된 오븐에서 3분간 굽는다.

견과류 초코 크림 샌드위치

🍞 재료

식빵 2개

견과류 20g

생크림 50g

버터 1작은술

코코아 파우더 5g

설탕 5g

🍞 만드는 법

① 식빵 테두리는 잘라내고 한 쪽 면에 버터를 바른다.

② 견과류는 잘게 다진다.

③ 볼에 생크림과 설탕, 코코아 파우더를 넣고 거품기로 크림이 단 단해질 때까지 휘핑을 한다.

④ ②의 견과류를 ③에 넣고 함께 잘 섞는다.

⑤ 빵 사이에 ④를 넣고 먹기 좋은 크기로 자른다.

> **TIP**
> 견과류 초코 크림 샌드위치는 냉장고에 넣어서 크림을 굳힌 후 차갑게 먹는 것이 좋다.

5

밤이 즐거운 야식과
술안주가 되는
식빵

콘버터 포켓 샌드위치

🍞 재료

식빵 1장 두께 2.5~3cm

옥수수 캔 6큰술

버터 1큰술

모짜렐라 치즈 2큰술

후추 1/4작은술

파슬리 약간

🍞 만드는 법

① 팬에 버터를 녹인 후 옥수수와 후추를 넣고 볶는다.

② 빵은 양면을 팬에 살짝 구워낸 후 가운데를 잘라서 주머니 모양을 만든다.

③ 식빵 사이에 콘버터를 채우고 모짜렐라 치즈를 얹는다.

④ 오븐토스터에서 3분 또는 220도로 예열된 오븐에서 3분간 구워낸 후 파슬리를 뿌려 마무리한다.

오코노미야끼 오픈 샌드위치

🍞 재료

식빵 2장

달걀 2개

양배추 40g

구운 베이컨 4장

다진 실파 2큰술

소금 1/3작은술

후추 1/4작은술

샐러드 오일 1큰술

오코노미야끼 소스 약간

마요네즈 약간

가쓰오부시 약간

🍞 만드는 법

① 식빵은 양쪽 면을 구워낸 후 한 김 식힌다.

② 양배추는 잘게 채 썬다.

③ 볼에 달걀을 풀고 소금, 후추를 넣고 양배추와 다진 실파도 넣어 잘 섞는다.

④ 팬에 오일을 두르고 ③의 재료를 사각 모양으로 부친다.

⑤ 식빵 위에 ④를 올린 후 구운 베이컨을 올리고 오코노미야끼 소스와 마요네즈를 뿌리고 가쓰오부시로 마무리한다.

> **TIP**
> 시판용 오코노미야끼 소스 대신 돈가스 소스를 이용해도 좋다.

어묵 마요 토스트

🍞 **재료**

식빵 2장

어묵 40g

버터 1큰술

홀 그레인 머스터드 2작은술

마요네즈 약간

후추 약간

🍞 **만드는 법**

① 어묵은 한 입 크기로 썬다.

② 식빵에 버터와 홀 그레인 머스터드를 바르고 어묵을 얹는다.

③ ②를 오븐 토스터에서 3분 또는 220도로 예열된 오븐에서 3분 간 굽는다.

④ 마요네즈와 후추를 뿌려 마무리한다.

명란 마요 토스트

🍞 재료

식빵 2장

명란 1/2개

마요네즈 2큰술

다진 마늘 1작은술

올리고당 1작은술

파슬리 약간

🍞 만드는 법

① 명란은 껍질을 벗기고 속만 발라 준비한다.

② 마요네즈와 다진 마늘, 올리고당, 명란을 잘 섞는다.

③ 식빵에 ②를 골고루 바른 후 오븐토스터에서 3분 또는 220도
로 예열된 오븐에서 3분간 굽는다.

④ 파슬리를 뿌려 마무리한다.

갈릭 버터 토스트

🍞 **재료**

식빵 2장

다진 마늘 1큰술

버터 2큰술

꿀 1큰술

파슬리 약간

🍞 **만드는 법**

① 볼에 버터를 넣고 부드럽게 풀어준 후 다진 마늘과 꿀을 넣고 잘 섞는다.

② 식빵에 ①을 골고루 바르고 오븐토스터에서 3분 또는 220도로 예열된 오븐에서 3분간 굽는다.

③ 파슬리를 뿌려 마무리한다.

고르곤졸라 토스트

🍞 재료

식빵 2장

고르곤졸라 치즈 30g

모짜렐라 치즈 2장

버터 1작은술

꿀 1큰술

🍞 만드는 법

① 식빵 한 쪽 면에 버터를 바른다.

② 식빵 위에 모짜렐라 치즈를 올리고 고르곤졸라 치즈를 올린다.

③ 오븐토스터에서 3분 또는 220도로 예열된 오븐에서 3분간
   굽는다.

④ 꿀을 뿌려 마무리한다.

고추참치 치즈 토스트

🍞 재료

식빵 2장

고추참치 캔 1개 150g

체더 치즈 2장

청양고추 1개

🍞 만드는 법

① 참치 캔은 기름기를 완전히 제거한다.

② 청양고추는 어슷썰기 한다.

③ 식빵 위에 고추참치를 올리고 체더 치즈를 덮어준 후 청양고추를 올린다.

④ 오븐토스터에서 3분 또는 220도로 예열된 오븐에서 3분간 굽는다.

양송이버섯 카나페

🍞 재료

식빵 2장

양송이버섯 8개

시금치 30g

다진 마늘 1작은술

마요네즈 1큰술

올리브 오일 1큰술

소금 1/4작은술

후추 1/5작은술

파슬리 약간

🍞 만드는 법

① 식빵 테두리는 잘라내고 4등분하여 한 쪽 면에 마요네즈를 바른다.

② 양송이버섯은 슬라이스 하고, 시금치는 5cm 길이로 자른다.

③ 팬에 오일을 두르고 다진 마늘을 넣고 볶다가 양송이버섯, 소금, 후추를 넣고 익힌다.

④ 시금치는 팬의 잔열로만 살짝 익힌다.

⑤ 식빵 위에 ④의 시금치를 얹고 ③의 양송이버섯을 올린 후 파슬리를 뿌려 마무리한다.

올리브 치즈 카나페

🍞 재료

식빵 2장

크림치즈 80g

그린 올리브 30g

버터 1큰술

후추 약간

딜 약간

🍞 만드는 법

① 식빵 테두리는 잘라내고 4등분하여 한 쪽 면에 버터를 바른다.

② 실온에 둔 크림치즈는 부드럽게 푼다.

③ 올리브는 잘게 다지고 크림치즈와 함께 잘 섞는다.

④ 식빵 위에 올리브와 크림치즈를 얹고 통후추와 딜을 뿌려 마무리한다.

스파이시 맥앤치즈 오픈 샌드위치

🍞 재료

식빵 2장

버터 1큰술

삶은 마카로니 8큰술

다진 할라피뇨 1큰술

체더 치즈 2장

생크림 80g

파슬리 약간

🍞 만드는 법

① 식빵은 한 쪽 면만 바삭하게 구워 한 김 식힌다.

② 팬에 버터를 녹인 후 생크림을 넣고 끓어오르면 체더 치즈를 넣어 녹인다.

③ ②에 삶은 마카로니와 다진 할라피뇨를 넣고 농도를 맞춰 볶는다.

④ 식빵 위에 ③의 맥앤치즈를 올리고 파슬리를 뿌려 마무리한다.

칼로리 DOWN,
다이어트를 위한
식빵

캐롯 캐롯 샌드위치

🍞 재료

식빵 2장

당근 70g

메이플 시럽 1큰술

레몬즙 1작은술

하프 마요네즈 1큰술

올리브 오일 1큰술

소금 1/3작은술

후추 1/4작은술

🍞 만드는 법

① 식빵 테두리는 잘라내고 한 쪽 면에 하프 마요네즈를 바른다.

② 당근은 잘게 채 썬다.

③ 볼에 당근, 올리브 오일, 메이플 시럽, 레몬즙, 소금을 넣고 잘 섞는다.

④ 빵 사이에 ③을 넣고 먹기 좋은 크기로 자르고 후추를 뿌려 마무리한다.

> **TIP**
> 다이어트를 위한 토스트나 샌드위치는 곡물 빵이나 호밀 빵으로 대체하면 좋다.

양배추 샐러드 포켓 샌드위치

🍞 재료

식빵 1장 두께 2.5~3cm

양배추 60g

사과 1/6개

꿀 1큰술

레몬즙 1작은술

하프 마요네즈 1큰술

올리브 오일 1큰술

소금 1/3작은술

후추 약간

🍞 만드는 법

① 양배추와 사과는 1cm 크기로 깍둑썰기 한다.

② 볼에 양배추, 사과, 올리브 오일, 꿀, 레몬즙, 하프 마요네즈, 소
   금을 넣고 잘 섞는다.

③ 빵은 양면을 팬에 살짝 구워낸 후 가운데를 잘라서 주머니 모양을
   만든다.

④ 빵 사이에 ③을 넣고 후추를 뿌려 마무리한다.

참치 샐러드 오픈 샌드위치

🍞 재료

식빵 2장

참치 캔 1개 150g

무순 20g

올리브 오일 1큰술

간장 1작은술

김 약간

후추 약간

🍞 만드는 법

① 식빵은 한 쪽 면만 바삭하게 구워 한 김 식힌다.

② 참치는 기름기를 완전히 제거한다.

③ 볼에 무순, 올리브 오일, 간장을 넣고 잘 섞는다.

④ 식빵 위에 ③과 참치를 올리고 김, 후추를 뿌려 마무리한다.

오이 오픈 샌드위치

🍞 **재료**

식빵 2장

오이 1/2개

올리브 오일 1큰술

소금 1/3작은술

후추 1/4작은술

🍞 **만드는 법**

① 식빵은 한 쪽 면만 바삭하게 구워 한 김 식힌다.

② 오이는 얇게 어슷썰기 한다.

③ 볼에 오이, 올리브 오일, 소금을 넣고 잘 섞는다.

④ 식빵 위에 ③을 올리고 후추를 뿌려 마무리한다.

가지 올리브 토스트

🍞 재료

식빵 2장

가지 1개

블랙 올리브 3개

올리브 오일 1큰술

소금 1/3작은술

후추 1/4작은술

파슬리 약간

🍞 만드는 법

① 가지와 올리브는 슬라이스 한다.

② 볼에 가지, 올리브 오일, 소금을 넣고 잘 섞는다.

③ 식빵 위에 ②를 올리고 블랙 올리브와 후추를 뿌린다.

④ 오븐토스터에서 3분 또는 220도로 예열된 오븐에서 3분간 구워
낸 후 파슬리를 뿌려 마무리한다.

토마토 셀러리 포켓 샌드위치

🥖 재료

식빵 1장 두께 2.5~3cm

토마토 1개

셀러리 20g

양파 1/6개

올리브 오일 1큰술

간장 1작은술

후추 약간

🥖 만드는 법

① 토마토는 씨를 제거하고 사방 1cm 크기로 자르고, 셀러리와 양파는 잘게 다진다.

② 볼에 토마토, 셀러리, 양파, 올리브 오일, 간장을 넣고 잘 섞는다.

③ 빵은 양면을 팬에 살짝 구워낸 후 가운데를 잘라서 주머니 모양을 만든다.

④ 빵 사이에 ②를 넣고 후추를 뿌려 마무리한다.

에그 토마토 오픈 샌드위치

🍞 재료

식빵 2장

토마토 1개

삶은 달걀 2개

로메인 4장

올리브 오일 1큰술

소금 약간

후추 약간

🍞 만드는 법

① 식빵은 한 쪽 면만 바삭하게 구워 한 김 식힌다.

② 토마토와 달걀은 슬라이스 한다.

③ 식빵 위에 로메인, 토마토, 달걀 순서로 올린다.

④ 올리브 오일을 뿌리고 소금과 후추를 뿌려 마무리한다.

셀러리 요거트 포켓 샌드위치

🍞 재료

식빵 1장 두께 2.5~3cm

셀러리 80g

플레인 요거트 4큰술

꿀 1큰술

소금 1/4작은술

🍞 만드는 법

① 셀러리는 겉껍질을 제거한 후 1cm 크기로 자른다.

② 볼에 플레인 요거트, 꿀, 소금을 넣고 잘 섞는다.

③ ②에 셀러리를 넣고 잘 버무린다.

④ 빵은 양면을 팬에 살짝 구워낸 후 가운데를 잘라서 주머니 모양을 만든다.

⑤ 빵 사이에 ③을 넣고 기호에 따라 꿀을 넣어 먹으면 좋다.

닭 가슴살 샐러드 포켓 샌드위치

🍞 재료

식빵 1장 두께 2.5~3cm

닭 가슴살 80g

로메인 4장

블랙 올리브 5개

하프 마요네즈 2큰술

머스터드 1작은술

파마산 치즈 1작은술

소금 1/3작은술

후추 약간

🍞 만드는 법

① 닭 가슴살은 삶은 다음 잘게 찢고, 로메인을 한 입 크기로 자르고 블랙 올리브는 잘게 다진다.

② 볼에 닭 가슴살, 로메인, 블랙 올리브, 하프 마요네즈, 머스터드, 소금, 파마산 치즈를 넣고 잘 버무린다.

③ 빵은 양면을 팬에 살짝 구워낸 후 가운데를 잘라서 주머니 모양을 만든다.

④ 빵 사이에 ②를 채우고 후추를 뿌려 마무리한다.

그릴 두부 샌드위치

🥄 재료

식빵 2장

두부 100g

밀가루 1큰술

토마토 1/2개

로메인 2장

올리브 오일 1큰술

하프 마요네즈 1큰술

홀 그레인 머스터드 1작은술

🥄 만드는 법

① 식빵은 한 쪽 면만 바삭하게 구워 한 김 식힌다.

② 두부와 토마토는 1cm 두께로 썬다.

③ 두부는 겉면에 밀가루를 골고루 묻힌다.

④ 팬에 오일을 두르고 두부의 겉면을 바삭하게 굽는다.

⑤ 식빵 한 쪽 면에 하프 마요네즈와 홀 그레인 머스터드를 바르고
로메인, 두부, 토마토 순서로 올리고 다른 식빵으로 덮는다.

아보카도 두부 사라다 샌드위치

🥪 재료

식빵 2장

두부 100g

아보카도 1/2개

플레인 요거트 1큰술

하프 마요네즈 1큰술

올리브 오일 1작은술

소금 1/3작은술

후추 1/4작은술

🥪 만드는 법

① 식빵 테두리는 잘라내고 한 쪽 면에 하프 마요네즈를 바른다.

② 두부는 물기를 제거하고 숟가락이나 포크를 이용해 완전히 으깬다.

③ 아보카도는 사방 1cm 크기로 자른다.

④ 볼에 ②의 으깬 두부, 플레인 요거트, 올리브 오일, 소금, 후추를 넣고 잘 버무린다.

⑤ ④에 아보카도를 넣고 가볍게 섞는다.

⑥ 빵 사이에 ⑤를 넣고 먹기 좋은 크기로 잘라 마무리한다.

파프리카 포켓 샌드위치

🍞 재료

식빵 1장 두께 2.5~3cm

빨간색 파프리카 1/4개

주황색 파프리카 1/4개

노란색 파프리카 1/4개

다진 마늘 1작은술

올리브 오일 1큰술

소금 1/3작은술

통후추 1/4작은술

파슬리 약간

🍞 만드는 법

① 파프리카는 사방 1cm 크기로 자른다.

② 팬에 오일을 두르고 다진 마늘을 넣어 갈색이 날 때까지 볶는다.

③ ②에 파프리카와 소금, 후추를 넣고 살짝 볶는다.

④ 빵은 양면을 팬에 살짝 구워낸 후 가운데를 잘라서 주머니 모양을 만든다.

⑤ 빵 사이에 ③을 채우고 파슬리를 뿌려 마무리한다.

애호박 양파 샌드위치

🍞 재료

식빵 2장

애호박 1/2개

양파 1/2개

하프 마요네즈 1큰술

올리브 오일 1작은술

소금 1/3작은술

후추 1/4작은술

🍞 만드는 법

① 식빵 테두리는 잘라내고 한 쪽 면에 하프 마요네즈를 바른다.

② 애호박과 양파는 잘게 채 썬다.

③ 팬에 오일을 두르고 ②의 애호박과 양파를 넣고 소금, 후추로 간을 하여 볶는다.

④ 빵 사이에 ③을 넣고 먹기 좋은 크기로 잘라 마무리한다.

블루베리 요거트 포켓 샌드위치

🍞 재료

식빵 1장 두께 2.5~3cm

플레인 요거트 85g

블루베리 15g

꿀 1작은술

애플민트 약간

🍞 만드는 법

① 볼에 플레인 요거트와 블루베리, 꿀을 넣어 섞는다.

② 빵은 양면을 팬에 살짝 구워낸 후 가운데를 잘라서 주머니 모양을 만든다.

③ 빵 사이에 ①을 채우고 애플민트를 올려 마무리한다.

배추 사라다 샌드위치

🍞 재료

식빵 2장

배추 100g

플레인 요거트 1큰술

하프 마요네즈 1큰술

올리브 오일 1작은술

소금 1/3작은술

후추 1/4작은술

🍞 만드는 법

① 식빵 테두리는 잘라내고 한 쪽 면에 하프 마요네즈를 바른다.

② 배추는 잘게 채 썬다.

③ 볼에 배추, 플레인 요거트, 올리브 오일, 소금, 후추를 넣고 잘 버무린다.

④ 빵 사이에 ③을 넣고 먹기 좋은 크기로 잘라 마무리한다.

갈릭 팽이버섯 포켓 샌드위치

🍞 **재료**

식빵 1장 두께 2.5~3cm

팽이버섯 100g

다진 마늘 1작은술

올리브 오일 1큰술

갈릭 후레이크 1큰술

소금1/3작은술

통후추 1/4작은술

🍞 **만드는 법**

① 팽이버섯은 3cm 크기로 자른다.

② 팬에 오일을 두르고 다진 마늘을 넣어 갈색이 날 때까지 볶는다.

③ ②에 팽이버섯과 소금, 후추를 넣고 살짝 볶는다.

④ 빵은 양면을 팬에 살짝 구워낸 후 가운데를 잘라서 주머니 모양을 만든다.

⑤ 빵 사이에 ③을 채우고 갈릭 후레이크를 올려 마무리한다.

식빵과 함께라면
언제나 좋은 잼

당근잼

🍞 **재료** 당근 2개, 설탕 100g, 물 150ml

① 당근은 껍질을 벗기고 강판이나 믹서에 간다.

② 냄비에 당근과 설탕물을 넣고 중불에 끓인다.

③ 수분이 줄면 약불에서 졸인다.

 ## 마롱잼

🍞 **재료** 삶은 밤 300g, 설탕 150g, 우유 100ml, 물 300ml, 시나몬 파우더 1작은술

① 껍질을 제거한 삶은 밤은 물을 붓고 믹서에 간다.

② 냄비에 밤, 우유, 설탕, 시나몬 파우더를 넣고 중불에서 끓인다.

③ 수분이 줄면 약불에서 졸인다.

 ## 땅콩잼

🍞 **재료** 땅콩 400g, 꿀 40g, 포도씨유 20g, 소금 1/4작은술

① 땅콩은 팬에 볶아낸 후 껍질을 벗겨 준비한다.

② 믹서에 땅콩과 꿀, 소금을 넣고 간다.

③ 포도씨유를 넣어 잼의 농도를 조절한다.

> **TIP** 잼 보관하기
> 유리 용기를 끓는 물에 열탕 소독한 후 잼을 담고 거꾸로 두어 식히면 멸균 상태로 보관할 수 있다. 이때 반드시 한 김 식은 후에 냉장 보관해야 한다.

누텔라잼

🍞 **재료** 헤이즐넛 100g, 슈가 파우더 80g , 코코아 파우더 50g, 올리브 오일 30g

① 믹서에 헤이즐넛을 곱게 간다.

② 곱게 간 헤이즐넛에 슈가 파우더와, 코코아 파우더를 넣어 잘 섞는다.

③ 올리브 오일을 넣어 농도를 조절한다.

 단호박잼

🍞 **재료** 단호박 1개, 사과 1개, 설탕 1컵, 물 1컵, 시나몬 파우더 1작은술

① 단호박은 반으로 자른 후 비닐 팩에 넣어 전자레인지에 7분간 익힌다.

② 익은 단호박은 껍질을 제거하고 잘게 썬다.

③ 사과는 껍질을 제거하고 잘게 썬다.

④ 냄비에 단호박, 사과, 물, 설탕, 시나몬 파우더를 넣어 중약불에 끓인다.

⑤ 수분이 줄면 약불에서 졸인다.

 홍차잼

🍞 **재료** 우유 300ml, 생크림 150ml, 설탕 60g, 얼그레이 티백 2개

① 냄비에 우유와 생크림을 넣고 끓기 시작하면 약불로 낮춘다.

② 얼그레이 티백을 한 개는 뜯어서 넣고, 한 개는 뜯지 않은 채 넣는다.

③ 설탕을 넣고 눌러 붙지 않게 잘 저어가며 졸인다.

> TIP
>
> 홍차 잎이 씹히는 것을 좋아하지 않는 사람은 티백을 뜯지 않은 채 우려내기만 해도 좋다.

 와인잼

🥣 **재료** 와인 400ml, 블루베리 100g, 설탕 200g

① 블루베리는 잘게 다진다.

② 냄비에 와인과 블루베리, 설탕을 넣고 중불에서 끓인다.

③ 수분이 줄면 약불에서 졸인다.

 흑임자잼

🍞 **재료** 우유 400g, 생크림 200g, 검은콩가루 45g, 흑임자 가루 15g, 물엿 20g, 설탕 80g

① 검은콩가루와 흑임자 가루는 체에 쳐서 고운 가루 상태로 준비한다.

② 냄비에 우유와 생크림을 넣고 끓기 시작하면 약불로 낮춘다.

③ 설탕과 물엿, 검은콩가루와 흑임자 가루를 넣고 눌러 붙지 않게 잘 저어가며 졸인다.

녹차잼

🍚 **재료** 우유 300ml, 생크림 150ml, 설탕 60g, 녹차 가루 7g

① 녹차 가루는 체에 쳐서 고운 가루 상태로 준비한다.

② 냄비에 우유와 생크림을 넣고 끓기 시작하면 약불로 낮춘다.

③ 설탕과 ①의 녹차 가루를 넣고 눌러 붙지 않게 잘 저어가며 졸인다.

 인절미잼

🍚 **재료** 우유 400g, 생크림 200g, 콩가루 60g, 물엿 40, 설탕 60g

① 콩가루는 체에 쳐서 고운 가루 상태로 준비한다.

② 냄비에 우유와 생크림을 넣고 끓기 시작하면 약불로 낮춘다.

③ 설탕과 물엿, 콩가루를 넣고 눌러 붙지 않게 잘 저어가며 졸인다.

 밀크잼

🍚 **재료** 생크림 250ml, 우유 250ml, 설탕 70g, 바닐라 빈 1개

① 냄비에 우유와 생크림을 넣고 끓기 시작하면 약불로 낮춘다.

② 설탕과 바닐라 빈을 넣고 눌러 붙지 않게 잘 저어가며 졸인다.

> **TIP**
> 과일잼과 달리 생크림과 우유만 넣어 졸이기 때문에 설탕량을 줄이면 잘 뭉쳐지지 않는다.

과일잼

딸기, 사과, 복숭아, 귤 같은 제철 과일을 이용해서 잼을 만들 때 보통은 과일과 설탕의 비율을 1:1로 한다. 설탕이 가지고 있는 방부 효과 때문에 설탕이 많이 들어갈수록 보관 일수는 늘어나지만, 가정에서 만들 때는 과일과 설탕의 비율을 1:0.7로 하여 당도는 조금 낮추고 조금씩 만들어 먹는 것이 과일 특유의 풍미를 느낄 수 있어서 좋다. 또한 정제된 설탕을 사용하기 보다는 비정제 설탕을 사용하여 영양까지 챙길 수 있다.

 바나나잼

🍞 **재료** 바나나 3개, 레몬 1개, 설탕 1컵, 물 1컵

① 바나나는 잘게 썬다.
② 냄비에 바나나와 레몬즙을 넣어 포크나 숟가락으로 으깬다.
③ 설탕과 물을 넣고 중약불에 20분간 졸인다.

 코코넛잼

🍞 **재료** 코코넛 밀크 300ml, 달걀 3개, 코코넛 슈가 200g

① 볼에 달걀을 넣어 푼다.
② ①에 코코넛 슈가를 넣어 완전히 녹을 때까지 달걀과 함께 잘 섞는다.
③ ②에 코코넛 밀크를 넣고 중약불에 중탕으로 졸인다.
④ 다 졸인 잼은 체에 한 번 걸러 더 부드러운 식감으로 만든다.